Liquiditätssicherung im Turnaround Management

Thomas Eulenpesch

Liquiditätssicherung im Turnaround Management

FSC
www.fsc.org
MIX
Papier aus verantwortungsvollen Quellen
Paper from responsible sources
FSC® C105338

Bibliografische Information der Deutschen Nationalbibliothek:
Die Deutsche Nationalbibliothek verzeichnet diese Publikation in der Deutschen Nationalbibliografie; detaillierte bibliografische Daten sind im Internet über http://dnb.dnb.de abrufbar.

Verlag: TASSICIO UG (haftungsbeschränkt) & Co. KG, Weeze

Herstellung: BoD – Books on Demand, Norderstedt

ISBN: 978-3-944844-05-3

1 Inhalt

1 Einleitung

1.1 Problemstellung

In 2012 ereigneten sich 28.297 Firmeninsolvenzen, das sind 6 Prozent weniger als im Vorjahr und der zweitniedrigste Wert seit 2007 (siehe Abb. 1). Einen letzten Anstieg um 11,6 Prozent hat es im Jahr 2009 gegeben. Die daraus resultierenden Insolvenzschäden beliefen sich im Jahr 2012 auf ca. 51,7 Milliarden Euro, im Verhältnis zu 2011 mit 31,5 Milliarden Euro ein Anstieg von 61 Prozent. Entstanden ist dies durch mehr Insolvenzen von wirtschaftlich bedeutenden Unternehmen.[1]

Diese Statistik verschafft nur einen kleinen Überblick über die tatsächlichen Unternehmensinsolvenzen und ist die Spitze des Eisbergs. Unternehmen die eine Insolvenz verhindern konnten, wurden in dieser Statistik nicht berücksichtigt.

Für Unternehmen, die in Schwierigkeiten gelangen, hat das Turnaround Management seitdem an immer größerer Bedeutung gewonnen,. Ein rechtzeitiges Eingreifen im Rahmen der Restrukturierung bzw. zum Durchführen eines Turnaround Managements kann ein Unternehmen aus der Krise führen.

Die fehlende Liquidität ist der häufigste Grund für die Eröffnung eines Insolvenzverfahrens.

[1] Vgl. Statistisches Bundesamt Wiesbaden (2013)

Frühzeitiges reagieren, auf Veränderungen am Markt und auf die eigenen Produktionsprozesse sind hier ausschlaggebend.

Im Rahmen des Turnarounds ist die Liquiditätssicherung ein wichtiger Aspekt, der in der vorliegenden Arbeit als Schwerpunkt behandelt wird.

1.2 Gegenstand und Ziel der Arbeit

Gegenstand der Arbeit ist die Liquiditätssicherung im Rahmen eines Turnaround Managements.

Turnaround Management wird in diesem Fall zur Restrukturierung angewendet. Wenn ein Unternehmen in die Krise gerutscht ist und dessen Fortbestand in Frage gestellt wird, spielt die Liquiditätssicherung zu diesem Zeitpunkt eine große Rolle, da aufgrund fehlender Liquidität, Kunden und Lieferanten nur noch bedingt mit diesem Unternehmen zusammenarbeiten. Für ein angeschlagenes Unternehmen, ist es sehr schwer, einen Fortbestand des Geschäftes sicherzustellen.

Das Ziel der Arbeit ist einen Leitfaden zu erstellen für Unternehmen, die in eine solche Situation kommen und aus eigener Kraft nicht herauskommen. Es soll dem Leser die Möglichkeit geben aufzuzeigen, wo versteckte Liquidität im eigenen Unternehmen vorhanden ist bzw. wie im Rahmen einer Restrukturierung Liquidität zu sichern ist, um zurück in die Gewinnzone zu kommen. Unternehmen, die eine hohe Lagerhaltung haben, können mit einem optimierten Bestellsystem und enger Zusammenarbeit der Lieferanten, Einsparungen bzw. Liquidität bis zu 23%.[2] sichern. Dies ist nur ein Beispiel, wie die Liquidität verbessert und eine Entwicklung in der Gewinnzone geschafft werden kann.

1.3 Vorgehensweise

Diese Arbeit ist so aufgebaut, dass nach der begrifflichen Abgrenzung ab Kapitel 2 auf den Ausgangspunkt der Unternehmenskrise eingegangen wird. Dies ist ein wichtiger Punkt, der bei der Liquiditätsbeschaffung als Erstes betrachtet werden sollte. Ab Kapitel 3 wird auf die rechtlichen Rahmenbedingungen der Insolvenz eingegangen. Diese ergibt sich aus Kapitel 2, wenn eine Liquiditätssicherung nur noch bedingt möglich ist. In Kapitel 4 wird aufgezeigt, wie man sich einen Überblick über die aktuelle Liquidität verschaffen kann, bzw. herausfindet, ob die Möglichkeit besteht, mit einfachen Mitteln, sich Liquidität zu beschaffen. Im fünften Kapitel wird auf die endogenen Möglichkeiten im Turnaround eingegangen und beschrieben, was bei einer Umstrukturierung notwendig ist. Das sechste Kapitel soll die Fremdkapitalgeber im Turnaround aufzeigen und Möglichkeiten vorstellen, , um das eigene Unternehmen aus der Krise zu bekom-

---

[2] Vgl. Berghauer, A. (2003) S. 33ff

men. Das siebte Kapitel ist eine Analyse aus den vorigen Kapiteln, wie eine Umsetzung in der Praxis anwendbar wäre. Die Schlussbetrachtung ist die Beurteilung der Situation vom Autor dieser Arbeit.

2 Grundlagen Definition und begriffliche Abgrenzung

2.1 *Definition: Turnaround Management*

Turnaround (englisch: turnaround, zu: to turn around = umdrehen, umkehren)[3] ist die Wende eines in der wirtschaftlichen Krise befindlichen Unternehmens von der (existenzgefährdenden) Verlustzone in eine langfristige (überlebenssichernde) Gewinnsituation. Auch allg. verwandt im Sinn eines Herausbringens aus einer Verlustsituation oder auch im Sinn der Trendwende.[4] Im Rahmen des Turnarounds werden die negativen Entwicklungen betrachtet und analysiert. Diese werden nach einer Bewertung und Anpassung zu positiven Entwicklungen verändert. Der Ausdruck „Turnaround Management“ wird in Deutschland eher selten verwendet, da die Begrifflichkeiten aus dem Turnaround Management aus dem amerikanischen Sprachgebrauch kommen.

2.2 *Definition: Insolvenz*

Eine Insolvenz (lateinisch: insolvens, von solvere „zahlen“), bezeichnet eine nicht erfüllbare Zahlungsverpflichtung zwischen Schuldner und Gläubiger. Diese ist zurückzuführen auf mangelnde Liquidität. Ist die Verbindlichkeit höher als das Anlagevermögen, ist ein Unternehmen (Kapi-

---

[3] Vgl. www.Duden.de (2013)

[4] Vgl. Breuer, W. (2013)

talgesellschaft) zahlungsunfähig und muss Insolvenz anmelden beim zuständigen Amtsgericht zur Eröffnung eines Insolvenzverfahrens. Macht das Unternehmen dies nicht, handelt es sich um eine Insolvenzverschleppung und wird strafrechtlich verfolgt.[5] Haftungsrisiken werden unter Punkt 4 „Rechtliche Rahmenbedingungen der Insolvenz" behandelt.

2.3 Definition: Liquidität

Liquidität (lateinisch:liquidus, „flüssig) ist die Fähigkeit und Bereitschaft eines Unternehmens, seinen bestehenden Zahlungsverpflichtungen termingerecht und betragsgenau nachzukommen. Die Sicherung der Liquidität besteht in der Aufgabe, Geld und liquidierbare Vermögensgegenstände zum Zweck der zeitpunktgerechten Kapitalbeschaffung bereitzustellen.[6]

Die so genannten flüssigen Mittel setzen sich bei Kapitalgesellschaften aus dem kurzfristigen und langfristigen Anlagevermögen zusammen. Wobei bei der Liquiditätsberechnung eher das kurzfristige Anlagervermögen herangezogen wird. Übersteigen die Verbindlichkeiten das Anlagevermögen, ist eine Insolvenz unabwendbar und ein Insolvenzverfahren muss eröffnet werden.

---

[5] Vgl. Uhlenbruck (2006) S. 99ff

[6] Vgl. Gabler (2013)

2.4 *Definition: Unternehmenskrise*

Eine Unternehmenskrise ist das Endstadium von einem entwickelten Prozess und signalisiert eine Bedrohung für die Existenz und den Fortbestand eines Unternehmens. Die Unternehmenskrise ist eine Notsituation, die mit einer Sanierung oder der Insolvenz enden kann. Eine Unternehmenskrise liegt nicht vor, wenn einzelne unselbstständige Unternehmensteile von einer Schließung bedroht sind. Die Unternehmenskrise kann als Notsituation bezeichnet werden, die durch eine Sanierung (Turnaround) überwunden werden kann, oder mit dem Zusammenbruch des Unternehmens, der sogenannten Insolvenz, endet.[7] Auf eine detailliertere Darstellung wird in Kapitel 2 Bezug genommen.

2.5 *Definition: Working Capital*

Unter „Working Capital" versteht man die Differenz zwischen dem kurzfristigen Umlaufvermögen (Aktiva) und den kurzfristigen Verbindlichkeiten (Passiva). Es besteht die Möglichkeit, dass das Working Kapital negativ werden kann. Dies kann auftreten, wenn die Verbindlichkeiten höher sind, als die liquidierbaren Mittel (Aktiva). Working Capital ist, in Abhängigkeit von der Defini-

---

[7] Vgl. Harz, M. (1996) S. 16

tion, interpretationsbedürftig. Deshalb sollte die Kennzahl aus dem Working Capital nach betriebswirtschaftlichen Gesichtspunkten für ein Turnaround optimiert werden. Dazu zählt die Berücksichtigung von Geschäftsvolumen, niedrige Umlaufbindung in Vorräten und Forderungen, sowie eine Fristigkeit von Zahlungszielen, die nach hinten geschoben werden. Zusätzlich sollten auf der Passivseite der Bilanz, kurzfristig fällige Verbindlichkeiten in mittelfristige Verbindlichkeiten verwandelt werden, um dann eine aussagekräftige Kennzahl für einen bevorstehenden Turnaround zu haben.[8]

[8] Vgl. Weber, J. (2011) S. 31f.

3 Ausgangspunkt Unternehmenskrise

Der Ausgangspunkt jeder Unternehmenskrise kommt immer dann zustande, wenn Forderungen nicht bezahlt werden oder Produktionsauslastung fehlt. Wie sich diese im Detail zusammensetzen, wird in Kapitel 2.1 genauer behandelt.

3.1 Arten von Krisen

Es gibt verschiedene Arten von Krisen, die es gilt, voneinander abzugrenzen. Um einen Überblick zu behalten, setzt ein Teil dieser Arbeit sich mit den jeweiligen Arten der Krisen auseinander.

3.1.1 Stakeholderkrise

Eine Stakeholderkrise ist in der Regel der Ausgangspunkt von Unternehmenskrisen und nur schwer erkennbar. In vielen Fällen ist eine missglückte Unternehmensnachfolge oder auch Streit in der Geschäftsführung dafür verantwortlich. Ein Unternehmensgründer, der einen Nachfolger hat, kann meist nicht von den alten Strukturen loslassen, was zum Teil sich nachteilig auf das Unternehmen auswirkt. Der Nachfolger kann meist nicht agieren, solange der alte Geschäftsführer noch aktiv ist. Solche Situationen wirken sich meist negativ auf die Unternehmensentwicklung aus. Um diesen Prozessen vorzubeugen, sollten Unternehmensnachfolgeverträge geschlossen werden, aus denen hervorgeht, ab wann der Nachfolger selbst die Entscheidungen treffen kann. Oft ist es aber auch, dass der neue Geschäftsführer, von den Mitarbeitern nicht anerkannt wird und somit die Motivation der Mitarbeiter sich negativ auf die Produktqualität/-quantität auswirkt.[9] Es sollte auch immer beachtet werden, dass schlechtes Führungsverhalten auch Auswirkungen auf Krisen haben kann, wenn Führungskräfte Ideen der Geschäftsführer nicht mittragen und dadurch Innovationen geblockt werden. Meist ist dies der Fall, wenn Mitarbeiter zu spät bzw. nicht über die Entwicklungen informiert werden. Als Resultat nimmt die Motivation und Leistungsbereitschaft der Mitarbeiter ab. Die Qualität und Quantität in einem Unternehmen sinkt, was sich negativ auf die Kundenzufriedenheit und Unternehmensentwicklung auswirkt.

3.1.2 Strategiekrise

Eine Strategiekrise entsteht, wenn keine Weiterentwicklungen bzw. Innovationen für neue Produkte in einem Unternehmen erstellt werden.[10] Meist wenden sich Kunden ab und Ressourcen im Unternehmen können nicht neu bestückt werden. Der Fehler, der in den meisten Unternehmen besteht, ist, dass trotz eines Absatzrückgangs keine Restrukturierung umgesetzt wird. Produktentwicklungen für nicht vorhandene

---

[9] Vgl. Diffring, P. (2012) S. 11ff

[10] Vgl. Diffring, P. (2012) S. 12

Märkte müssen in solchen Fällen ebenfalls umgehend eingestellt werden. Bei einer Strategiekrise ist eine Neuorientierung des Unternehmens unabwendbar. Um das etwas greifbarer zu machen, wird hier ein Beispiel gegeben: Die Firma Apple hat eine sehr gute Strategie und konnte sich in den letzten Jahren zu einem der wertvollsten Unternehmen der Welt entwickeln. Seit Anfang 2013 gibt es zwar genügend Innovationen von Apple, aber der Markt ist noch nicht so weit, diese anzunehmen. Dadurch entsteht ein starker Rückgang und Marktanteile gehen an den Mitbewerber Samsung verloren. Um dem entgegenzuwirken, wird stark in Forschung und Entwicklung investiert. Hierdurch sollen Produkte, die am Markt angenommen werden, entwickelt werden. Ein weiterer Schritt ist das Outsourcing von Produktionsbereichen an Lohnunternehmen. Dies hat den Vorteil, dass weniger Ressourcen gebunden und auch bei geringem Auftragseingang, kostendeckend gearbeitet werden kann.

3.1.3 Erfolgskrise

Eine Erfolgskrise hat ein Unternehmen, wenn es erheblichen Nachfragerückgang und Preisverfall auf dem Absatzmarkt gibt.[11] Dies ist auf die Globalisierung zurückzuführen, die es ermöglicht, Produkte in Lohndumping-Ländern günstiger zu produzieren. In einigen Fällen sind auch Kostensteigerungen dafür verantwortlich, wie z. B. im Energiesektor, der nicht beeinflussbar ist, was aber die Fix- sowie die variablen Kosten erheblich beeinflussen können. Besonders, wenn der Absatzmarkt dies nicht übernehmen will, stellt dies ein Problem dar. Es ist wichtig, in solchen Fällen auf neue Entwicklungen zu setzen, die z. B. die Kosten senken, indem Maschinen mit weniger Energieaufwand und höherem Automatisierungsgrad genutzt werden. Vorteile kann es auch geben, wenn sich das Unternehmen auf bestimmte Produkte spezialisiert, die einen Nischenmarkt darstellen. In solchen Fällen ist es auch möglich, trotz gestiegener Einkaufspreise, höhere Verkaufspreise zu realisieren.

3.1.4 Liquiditätskrise

Liquiditätskrisen liegen vor, wenn einem Unternehmen die Zahlungsunfähigkeit droht und Verbindlichkeiten nicht mehr bezahlt werden

[11] Vgl. Diffring, P. (2012) S. 12ff

können. In solchen Situationen, kündigen Banken Kredite und Lieferanten verlangen eine Vorauszahlung offener Rechnungen. Eine Liquiditätskrise kann aber auch unverschuldet auftreten, wenn das Unternehmen von einem Großkunden abhängig ist und dieser zahlungsunfähig wird. Ein Unternehmen sollte immer auf mehr Säulen aufgeteilt sein, um eine Liquiditätskrise zu bewältigen. Eine Abhängigkeit von einem Kunden von ca. 35% des Jahresumsatzes vom eigenen Unternehmen, sollte die Maximalgrenze bleiben. Ebenfalls sollte berücksichtigt werden, dass immer auf mehrere Lieferanten gesetzt wird, um das Lieferantenrisiko zu streuen. Denn wenn ein Lieferant in die Krise kommt, besteht die Gefahr, dass ein eigenes Unternehmen darunter leidet. Dies ist besonders der Fall, wenn es sich um Basismaterialien handelt, die für die Produktion unausweichlich sind. Einen neuen Lieferanten kurzfristig für Spezialprodukte zu finden ist nicht immer zu realisieren.[12]

3.2 Ursachen von Krisen

Wie macht sich eine Krise erkenntlich? Dies ist eine Frage, die sich viele Unternehmen stellen. Bei manchen ist es schwer absehbar, ab wann man sich in einer Krise befindet. Denn die Frühindikatoren zeigen nicht sofort, dass sich ein Unternehmen in der Krise befindet. Meist fällt es erst auf, wenn Zahlungsziele voll ausgenutzt und

[12] Vgl. Diffring, P. (2012) S. 13

Gehälter zu spät gezahlt werden, also wenn die Liquidität des Unternehmens nicht mehr sichergestellt ist. Es gibt auch weitere Möglichkeiten frühzeitig Krisen zu erkennen, auf die in dieser Arbeit in den nachfolgenden Punkten eingegangen wird.

3.2.1 Endogene Krisenursachen

Endogene Krisenursachen entstehen durch sog. Führungsfehler. Diese zeichnen sich aus durch mangelndes Qualitätsbewusstsein sowie wenig Investition in neue Technologien. Weiterentwicklungen von neuen Produkten werden nicht richtig durchdacht bzw. die Marktdurchdringung nicht korrekt berechnet, um diese auf dem Absatzmarkt platzieren zu können. Durch fehlende bzw. unzureichende Kennzahlensysteme ist nicht erkennbar, in welchen Bereichen die Kosten zu hoch sind. Kennzahlensysteme zeigen aber auch nicht auf, wo investiert werden sollte. Entscheidungen von der Geschäftsführung werden von den Führungskräften und Mitarbeitern nicht mitgetragen. Dies führt zu einer schlechten Motivation bis hin zum Boykott. Mitarbeiter werden nicht oder zu spät in strategische Entscheidungen eingebunden. In den meisten Fällen wird die Top-Down-Methode angewendet, in der die Mitarbeiter keinen eigenen Spieltraum haben, eigene Ideen zu verwirklichen. Das Management reagiert auf solche Situationen zu spät oder ignoriert diese wissentlich. Um solchen Situationen entgegenzuwirken, besteht die Möglichkeit, die

Mitarbeiter rechtzeitig in Entscheidungen einzubeziehen und die Führungskräfte anzuhalten, diese auch an die Mitarbeiter weiterzugeben.[13]

3.2.2 Exogene Krisenursachen

Exogene Krisenursachen sind Situationen, auf die das Management nur bedingt Einfluss nehmen kann. Wenn staatliche Entscheidungen dazu führen, dass neue Umweltauflagen in Kraft treten oder Steuern neu berechnet werden, ist dies für das Management nicht immer beeinflussbar. Dies ist aber ein Risiko, was für das Unternehmen schwere folgen haben kann. Es kann dahin führen, das ein Unternehmen, aufgrund neuer Umweltauflagen, die Produktion nicht aufrecht erhalten kann, weil Zulieferprodukte nicht mehr hergestellt werden dürfen. Auch kann ein Handelsboykott für bestimmte Produkte ausgerufen werden.[14]

3.2.3 Endogene und exogene Krisenfaktoren (Mischfaktoren)

Diese so genannten Mischfaktoren treten dann auf, wenn ein Managementfehler von Exogen, Einfluss auf endogene Faktoren im Unternehmen hat. Diese sind nicht klar voneinander zu

---

[13] Vgl. Krystek, U. (2007) S. 53ff

[14] Vgl. Krystek, U. (2007) S. 53ff

trennen.[15] Als Beispiel aus der Praxis, kann hier die Firma X-Label GmbH (Etikettendruckerei) genannt werden. Die Strategie (Endogen) verfolgt, nur mit 10 Großkunden zusammen zu arbeiten. Ein Kunde wie Procter & Gamble Ltd. macht bei diesem Unternehmen 40% des Gesamtumsatzes aus. Hier wird eine klare Wachstumsstrategie verfolgt. Das Risiko besteht aber, dass ein Großkunde Aufträge abziehen kann oder selbst zahlungsunfähig wird (Exogen). Dies hätte die Folge, dass das eigene Unternehmen ebenfalls eine Kriese erleidet, da sich das Management für die falsche Strategie entschieden hat. Als Faustformel kann man sagen, dass ein Großkunde nie mehr als 30% des Gesamtumsatzes in einem Unternehmen erzielen sollte. Es gibt auch die Strategie ein Unternehmen auf min. 3 verschiedene Schwerpunkte zu verteilen. Der Vorteil ist dann, dass ein Unternehmen das Risiko verteilt und sich krisensicher darstellt.

3.3 Traditionelle Kennzahlenanalyse

Ein gut zugängliches Medium für Kennzahlen ist der Jahresabschluss, der frei einsehbar im Bundesanzeiger ist. Zusätzlich zum Jahresabschluss gibt es, je nach Unternehmens-/Umsatzgröße, auch einen Lagebericht, der über die zukünftige Ausrichtung des Unternehmens Informationen geben kann. Diese Betrachtungs-

[15] Vgl. Krystek, U. (2007) S. 53ff

weise gibt Auskunft über die Aufwands-, Ertrags- und Vermögensstruktur eines Unternehmens.[16]

Es handelt sich um eine Vergangenheitsbetrachtung, die für eine Krisenanalyse im Nachhinein sinnvoll ist, aber für den IST-Zustand, können solche Analysen nur zur Trendbestimmung herangezogen werden.

Es gibt aber auch Kennzahlen, die frühzeitig aufzeigen, dass ein Negativtrend abzusehen ist. Monatsabschlüsse können zur Auswertung herangezogen werden. Bei dieser Auswertung kann ein erster Indikator die Liquidität 3.Grades (Umlaufvermögen x 100 / kurzfristige Verbindlichkeiten) sein. Nach einer amerikanischen Faustregel, muss die Liquidität in diesem Fall eine zweifache Deckung des kurzfristigen Fremdkapitals (200%) haben.[17] Ist diese Faustregel nicht eingehalten, sollte genauer nachgeforscht werden, in welchem Bereich es Probleme gibt.

3.3.1 Working Capital Management

Die Aufgabe des Working Capital Management besteht darin, Ein- und Auszahlungen zu optimieren, um die Bestände des Umlaufvermögens zu minimieren. Dies wird hauptsächlich von der Finanzabteilung gesteuert. Somit kann dies mit einer so genannten Stabstelle verglichen

[16] Vgl. Buth und Hermanns (Hrsg.) (1998) S. 4 ff.

[17] Vgl. Deitermann, M. (2009) S. 327

werden , die unabhängig von der organisatorischen Gliederung, die Interessen durchsetzen kann. In größeren Firmen mit div. Abteilungen ist dies auch notwendig, weil die Abteilungen nur die eigenen Interessen vertreten.[18] Um Forderungen möglich niedrig zu halten und das Working Capital zu verbessern, ist es notwendig, ein ordentliches Mahnwesen zu haben. Bei Krisenunternehmen sind offene Forderungen über einen langen Zeitraum ein Hauptgrund der fehlenden Liquidität. Es werden dabei oftmals Forderungen aufgrund von langjährigen Kundenbeziehungen nicht angemahnt. Je nach Verschuldungsgrad sollte die Möglichkeit des Factorings in Betracht gezogen werden, was meistens von den krisengeführten Unternehmen nicht genutzt wird. Bei der so genannten Forderungsabtretung, werden Forderungen an Inkassounternehmen mit einem Abschlag verkauft. Das Risiko des Forderungsausfalls liegt dann bei dem Factoring-Nehmer. Dies ist die schnellste Möglichkeit, Forderungen in liquide Mittel zu verwandeln.[19]

3.3.2 Cash Flow

Es gibt verschiedene Ansätze, den Cashflow zu berechnen. Bei der traditionellen Berechnung werden Umsätze von den Zahlungen an Gläubiger bereinigt, das ergibt dann den operativen Cashflow. Ist dieser negativ, muss überprüft wer-

---

[18] Vgl. Buth und Hermanns (Hrsg.) (1998) S. 200 ff.

[19] Vgl. Goeke, M. (Hrsg.) (2008) S. 105

den, wo im Rahmen des Liquiditätsmanagements Veränderungen vorgenommen werden können.

Die weiteren Ansätze sind dann der so genannte Free Cash Flow Brutto, der sich aus den Investitionen und den Desinvestitionen zusammensetzt. Dieser ist notwendig, um prüfen zu können, ob die Möglichkeit besteht, alte Anlagengüter zu verkaufen oder zu leasen.

Für das Liquiditätsmanagement ist ebenfalls sehr relevant der Free Cash Flow Netto, der sich aus der Außenfinanzierung (z. B. Hypothek) und Definanzierung (z. B. Tilgung Kredit, Gewinnausschüttung) ableiten lässt. Dieser Free Cash Flow netto spiegelt die soweit vorhandene Überschuldung wieder. [20]

3.3.3 Break-even-Analyse

Die Break-even-Analyse-Analyse baut im Wesentlichen die Deckungsbeitragsrechnung weiter aus. Diese Analyse ist für das Unternehmen von Bedeutung, um zu überprüfen, welche Produkte einen negativen Deckungsbeitrag aufweisen. Dies bietet die Grundlage zur Analyse von potenziellen Einsparungsmöglichkeiten. In einigen Produktionsunternehmen stellt sich heraus, dass Produkte meist mit einem zu niedrigen Aufschlag verkauft werden, um Umsatz zu gene-

[20] Vgl. Horváth (2011) S. 389f.

rieren, was aber bei einer Unterdeckung zu einer Aufzehrung des Gewinns führt. [21]

[21] Vgl. Harz, M. (1996) S. 106ff

4 Rechtliche Rahmenbedingungen der Insolvenz

Befindet sich ein Unternehmen in der Krise, hat der Geschäftsführer bzw. Vorstand verschiedene Verpflichtungen. Wenn sich herausstellt, dass sich ein Unternehmen in der Krise befindet, muss als Erstes geklärt werden, ob ein Insolvenzantrag gestellt werden muss. Zusätzlich müssen Sanierungskonzepte erstellt und an die Mitarbeiter kommuniziert werden. Wird dies nicht rechtzeitig gemacht, können Schadensersatzansprüche seitens Lieferanten/Kunden geltend gemacht werden. Sollte eine Abwendung nicht mehr möglich sein, ist der Tatbestand der Insolvenz erreicht und es muss ein Insolvenzantrag beim zuständigen Amtsgericht gestellt werden. Sofern dies durch die Geschäftsführung nicht gemacht wird, handelt diese grob fahrlässig und eröffnet den Tatbestand der Insolvenzverschleppung, was Strafrechtliche Folgen haben kann.

4.1 Haftungsrisiken in der Unternehmenskrise

In der Unternehmenskrise gibt es verschiedene Haftungsrisiken, die gesetzlich geregelt sind. So haftet der Gesellschafter einer GmbH (nach deutschem Recht) im Insolvenzfall mit der eingesetzten Einlage (§13 Abs. 2 GmbHG). Wenn in einer Gesellschafterversammlung beschlossen wird, dass Kapital benötigt wird, um den Fortbestand des Unternehmens sicherzustellen, besteht eine Nachschusspflicht. Diese wird nach dem Einlagenverhältnis umgeschlagen (§26 Abs. 1 und 2 GmbHG). Eine natürliche Person, wie ein eingetragener Kaufmann, haftet mit dem vollen Privatvermögen. Ein Beispiel hierfür ist die Insolvenz von Anton Schlecker. Herr Anton Schlecker hatte eine große Unternehmenskette aufgebaut, die am 28.03.2012 das Insolvenzverfahren eröffnen musste. Da dieses Unternehmen als natürliche Person geführt wurde, haftet Herr Anton Schlecker mit dem gesamten Privatvermögen. Bei einer Aktiengesellschaft haftet der Inhaber der Aktie mit dem Nominalwert der Aktie. Zu beachten ist, dass bei einer GmbH, gemäß §15a Insolvenzordnung, der Insolvenzantrag spätestens 3 Wochen nach der Zahlungsunfähigkeit gestellt werden muss.

4.2 Der Tatbestand der Insolvenz

Ist der Tatbestand der Insolvenz erreicht, muss der Unternehmer nach Feststellung des Eröffnungsgrundes innerhalb von 3 Wochen einen schriftlichen Antrag beim zuständigen Amtsgericht für die Eröffnung des Insolvenzverfahrens beantragen. Das Amtsgericht prüft, ob ein Eröffnungsgrund vorliegt und ob die Kosten aus dem Verfahren aus dem Vermögen des Unternehmens gedeckt werden können. In der Zwischenzeit wird vom Amtsgericht geprüft, ob eine Sicherung des Schuldnervermögens (z. B. Anordnung von Verfügungsbeschränkungen) nötig ist. In den meisten Fällen wird ein Insolvenzverwalter vom Amtsgericht bestellt. Hier wird unterschieden zwischen einem starken bzw. schwachen Insolvenzverwalter. Der starke Insolvenzverwalter hat volle Verwaltungs- und Vermögensbefugnis, er kann somit auch Kündigungen aussprechen. Wenn die Voraussetzungen für die Eröffnung eines Insolvenzverfahrens erfüllt sind, ergeht der sogenannte Eröffnungsbeschluss, in dem ein Insolvenzverwalter oder Eigenverwaltung angeordnet wird. Alle Gläubiger müssen ihre Forderungen anmelden, damit die Höhe und der Rang am Prüfungstag festgestellt werden kann. Der Verwalter nimmt am Berichtstermin Stellung zur wirtschaftlichen Lage des Unternehmens. Im Anschluss wird in einer Gläubigerversammlung entschieden, ob eine Stilllegung oder Fortführung des Unternehmens stattfinden soll sowie zwischen Plan- und Regelverfahren entschieden. Das Planverfahren wird mit der Erstellung des Insolvenzplans und dessen Bestätigung bei der Gläubigerversammlung und beim Amtsgericht beendet. Beim Regelverfahren wird sich konzentriert auf die Verwertung der Masse durch den Insolvenzverwalter und deren Verteilung an die Gläubiger.[22]

---

[22] Vgl. Krystek, U. (2007) S. 173f.

5 Liquiditätsmanagement

Das Liquiditätsmanagement, auch Cash Management genannt, ist ein wichtiger Bestandteil für die Liquiditätsbeschaffung in einer Krise. Durch eine professionelle Steuerung der Geldflüsse kann die Liquiditätssituation positiv beeinflusst werden.[23]

5.1 Bestandteile des Liquiditätsmanagement

Als wichtigster Bestandteil für ein ordentliches Liquiditätsmanagement ist der Liquiditätsplan, der immer als Erster erstellt werden sollte. Jedes Unternehmen sollte einen Liquiditätsplan haben, leider wird dies bei KMU´s, meist nicht gemacht. Dieser ist aber sehr hilfreich, um zu sehen, wo das Kapital gebunden ist und wo es freigesetzt werden kann. Welche Forderungen noch offen sind und welche Verbindlichkeiten noch beglichen werden müssen ist ebenso dem Liquiditätsplan zu entnehmen. Es ist aber unbedingt darauf zu achten, dass der Liquiditätsplan aktuell und qualitativ aussagekräftig ist. Anschließend besteht die Möglichkeit, die Liquidität in die entsprechende richtige Richtung zu lenken.[24]

---

[23] Vgl. Berghauer, A. (2003) S. 38

[24] Vgl. Faulhaber, P. (2009) S. 47f

5.1.1 Liquiditätsplan

Der Liquiditäts- oder Finanzplan ist das Kernstück eines jeden Liquiditätsmanagements, in ihm werden die Zahlungsströme aus Ein- und Auszahlungen gegenübergestellt. Ein Liquiditätsplan verschafft Transparenz über aktuelle und zukünftige Liquiditätsentwicklungen in einem Unternehmen. Es ergibt sich daraus die Auskunft, wann welche Liquidität benötigt wird. Der Liquiditätsplan zeigt in der wöchentlichen wie auch monatlichen Übersicht, welche Konditionen von Gläubigern zu nutzen und welche Debitoren nachhaltiger anzumahnen sind.[25]

Wie von Peter Faulhaber und Hans Joachim Grabow in Turnaround Management in der Praxis beschrieben, ist eine grundlegende Voraussetzung für ein erfolgreiches Liquiditätsmanagement die ständige Aktualisierung des Zahlungsplans. Stimmen die Daten nicht überein oder sind sie unzureichend bzw. unzuverlässig, schlägt sich dies in der Qualität und Effizienz des Liquiditätsmanagements nieder. Jeder, der versucht hat, einen Liquiditätsplan aufzustellen, weiß wie schwierig es ist, die richtigen Werte zu finden. Eine Abweichungstoleranz von max. 5% darf bei der Erstellung nicht überschritten werden, da sonst ein Liquiditätsmanagement nicht den gewünschten Erfolg haben wird. Es ist unbedingt darauf zu achten, dass offene Rechnungen gleich mit aufgenommen werden und nicht in

---

[25] Vgl. Faulhaber, P. (2009) S. 41

Kanäle des Unternehmens verschwinden, weil eine Rechnung noch geprüft werden muss. Dies kann insolvenzrechtliche Strafen nach sich ziehen. Um die Wege so kurz wie möglich zu halten, sollte ein Liquiditätsplan vom Rechnungswesen erstellt werden. Mit dieser Aufgabe sollte möglichst der Leiter Rechnungswesens betraut werden, um die Aufgabe auf der Geschäftsleitungsebene wahrzunehmen. Wie im Liquiditätsplan beschrieben, muss die Aktualisierung täglich erfolgen. Um sich nicht zu verzetteln, sollten die Kreditoren wie auch Debitoren nach ABC-Größenklassen sortiert werden. Dies schafft dann einen aussagekräftigen Liquiditätsplan, von dem sich weitere Maßnahmen ableiten lassen.[26]

5.1.2 Forderungen

Forderungen, sogenannte offene Rechnungen vom sanierungsbedürftigen Unternehmenskunden, sind das wichtigste Instrument, mit dem ein Unternehmen seinen Fortbestand sichert. Es ist wichtig, dass diese immer von den Kunden im Rahmen der Zahlungsziele bezahlt werden. In schwierigen Zeiten sollte der Vertrieb immer darauf achten, diese nicht zu weit auszuschöpfen. Es gibt verschiedene Möglichkeiten, Forderungen von Kunden einzufordern. In den meisten Fällen wird das in der Praxis übliche Mahnwesen angewendet. Es geht aber auch einfacher, wenn täglich ein Forderungsauszug gemacht wird. Bei

[26] Vgl. Faulhaber, P. (2009) S. 43f

noch offenen Forderungen sollte der Kunde schnellstmöglich kontaktiert werden, damit dieser die Forderungen noch vor der Mahnung begleichen kann. Hilfreich ist auch, wenn bei der Rechnungsstellung ein Skonto gewährt und auf der Rechnung ausgewiesen wird. Dies führt dazu, dass die Rechnungen durch die Kunden schneller beglichen werden.[27]

5.1.3 Verbindlichkeiten

Zu hohe Verbindlichkeiten sind meistens ein wichtiger Faktor bei Liquiditätsverlust. Verbindlichkeiten sollten immer soweit möglich im Rahmen der Zahlungszielvereinbarung gezahlt werden, um eine gute Lieferantenbeziehung zu haben. Sollte es zu Schwierigkeiten bei der Zahlung kommen, weil keine Liquiden Mittel zu Verfügung stehen, besteht die Möglichkeit, sich mit dem Lieferanten in Verbindung zu setzen und über die aktuelle Situation zu informieren. Der Lieferant hat ein Interesse daran, dass seine Rechnungen beglichen werden. Meist ist eine Stundung oder eine Ratenzahlung möglich. In seltenen Fällen besteht auch die Möglichkeit, dass der Lieferant auf offene Positionen verzichtet. Dies ist meist der Fall, wenn das eigene Unternehmen ein wichtiger Kunde vom Lieferanten ist. Sollte es wegfallen, könnte der Lieferant dann selbst in die Krise rutschen. Meist kann durch verändertes

[27] Vgl. Weber J. (2011) S. 33

Bestellverhalten die Verbindlichkeitszahlung wieder eingehalten werden.

5.1.4 Factoring

Die Möglichkeit des Factorings wird wenig genutzt, aber sie ist ein sehr gutes Instrument, um Forderungen in liquide Mittel zu verwandeln. Forderungen können an ein Inkassounternehmen abgegeben werden oder an ein Factoring-Unternehmen verkauft. Bei einem Inkassounternehmen treibt dies die Forderungen in Eigenregie beim Kunden ein. Der Vorteil, beim Inkassounternehmen liegt in dem geringen Verwaltungsaufwand und dem sicheren Mahnwesen. Einige Unternehmen zahlen bei der Einschaltung eines Inkassounternehmens schneller, da bekanntlich ein Inkassounternehmen auf Mahnwesen spezialisiert ist und entsprechend ein Mahnverfahren einleitet. In solchen Fällen verbessert sich die Zahlungsmoral von Unternehmen schlagartig. Es besteht aber auch die Möglichkeit, dass Kundenbeziehungen durch die Einschaltung eines Inkassounternehmens leiden. Wenn vor einer Unternehmenskrise nicht auf die Zahlungsmoral der Unternehmen geachtet wurde, achtet ein Inkassounternehmen genau auf Zahlungsziel und Einhaltung der Vereinbarung.[28]

Das Abtreten der gesamten Forderungen ist das Factoring. Forderungen werden an ein Fac-

[28] Vgl. Goeke, M. (Hrsg.) (2008) S. 105

toring-Unternehmen verkauft. Unterschieden wird hier zwischen echtem und unechtem Factoring. Bei dem echten Factoring haftet das Unternehmen gegenüber dem Factoring-Unternehmen für den Rechtsbestand und die Freiheit von Ansprüchen auf Minderung oder Wandlung der Forderungen. Beim unechten Factoring haftet das Unternehmen zusätzlich auch für die Erbringlichkeit der Forderungen.

In der Krise trägt der Factoring-Nehmer, neben der Finanzierungsfunktion, das Risiko für mögliche Ausfälle der Forderungen. Eine Ausnahme ist hier das unechte Factoring, Das Factoring ist für das Unternehmen eine Versicherungsfunktion. Ebenfalls ist der Factoring-Nehmer als Dienstleister für das Mahnwesen zuständig.[29]

5.1.5 Investitionen

Bei einer Liquiditätskrise ist immer die Frage, wie modern ist mein Anlagevermögen. Wenn neu in Anlagevermögen investiert wird, wie hoch ist der erzeugte Produktive Mehrwert der Investition. Sofern das Unternehmen überwiegend alte Maschinen besitzt, ist meist eine Investition in neue Maschinen ratsam, da mit diesen effizienter und oftmals kostengünstiger produziert werden können. Sofern noch keine Automatisierung stattgefunden hat, besteht die Möglichkeit vorhandene Prozesse zu automatisieren, um weniger Perso-

---

[29] Vgl. Buth und Hermanns (1998) S. 241

nal zu einzusetzen, was wiederrum positiven Einfluss auf die Liquidität hat.[30]

5.1.6 Zahlungsziel

Um eine bessere Liquiditätsplanung zu erhalten, besteht die Möglichkeit, Zahlungsziele zu vereinbaren. Als gute Zahlungsziele haben sich in der Praxis z. B. bewährt: 7 Tage mit 3 Prozent Skonto /14 Tage netto. In Sonderfällen ist es auch möglich Zahlungsziele von bis zu 90 Tagen zu vereinbaren. Ebenfalls sollte darauf geachtet werden, möglichst auf eine Sammelrechnung bei monatlicher Rechnungslegung umzustellen. Die Nutzung von Skonto ist im Vergleich zu Fremdfinanzierungen von Banken immer günstiger, aber die Liquidität sollte hier vorausgesetzt sein, wenn Skonto zum Abzug der Rechnung herangezogen werden soll. Meist ist ein kurzfristiges überziehen des Bankkontos mit hohen Zinsen günstiger, als eine Rechnung mit vollem Zahlungsziel ohne Skonto zu zahlen.[31]

5.1.7 Lagerhaltung

Um die Verbindlichkeiten so gering wie möglich zu halten, ist es notwendig, eine optimale Lagerhaltung zu haben. Eine Just in Time Belieferung ist in solchen fällen unausweichlich. Im

[30] Vgl. Goeke, M. (Hrsg.) (2008) S. 87

[31] Vgl. Goeke, M. (Hrsg.) (2008) S. 78

optimalen Fall hat ein Unternehmen eine Just in Time Belieferung mit dem Lieferanten mit folgender Vereinbarung geschlossen: Sammelrechnung, Zahlungsziel 30 Tage (Erfahrung aus der beruflichen Praxis). In den meisten Fällen ist der Rohstoff zu einem Fertigteil verarbeitet und mit einem Mehrwert an den eigenen Kunden verkauft. Wenn der Kunde die Rechnung bezahlt, kann die eigene Rechnung bezahlt werden und es musste keine Überziehung des eigenen Kontos in Kauf genommen werden.[32] Um die Lagerhaltung weiterhin nachhaltig im konstanten Rahmen zu halten, wird in der Praxis als Erstes eine ABC-Analyse durchgeführt, um festzustellen, welche Artikel am wichtigsten sind und den höchsten Kostenfaktor haben. Nach der ABC-Analyse wird nur noch Bestand aufgebaut, wenn klar definiert ist, für welche Bestellung der Rohstoff benötigt wird. Dies wird ebenfalls für C-Artikel angewendet, die als Hilfsstoffe notwendig für die Produktion sind. So lassen sich auf einfache Art und Weise die Bestände um bis zu 25% senken.[33]

5.2 Verantwortliche für das Liquiditätsmanagement

Verantwortliche bei dem Liquiditätsmanagement sind alle, die mit dem Unternehmen und

---

[32] Vgl. Berghauer, A. (2003) S. 33

[33] Vgl. Faulhaber, P. (2009) S. 35

dessen Tätigkeit in der Innenwirkung zusammenhängen. Im Mittelpunkt werden hier folgende Abteilungen benötigt: Geschäftsleitung für finanzielle Entscheidungen, Rechnungswesen für das Forderungsmanagement, Controlling für die Kalkulation und Machbarkeitsrechnung, die strategische Abteilung (sofern vorhanden) für die zukünftige Ausrichtung des Unternehmens bzw. angestrebte Strategie.

5.2.1 Geschäftsleitung als Verantwortlicher

Die Geschäftsleitung steht nicht nur in der Verantwortung zu erkennen, wann Hilfe benötigt wird. Sie muss auch analysieren, welche Hilfemaßnahmen geeignet sind. Innerhalb der Führungsebene muss klar geregelt werden, wer sich mit welchen Bereichen befasst. Gegebenenfalls muss ein externer Berater eingesetzt werden. In der Praxis zeigt sich oft, das Geschäftsleitungen in solchen Situationen überfordert sind. Es ist immer ratsam, dann einen Projektplan aufzustellen, in dem klar die Verantwortlichkeit und Kompetenz geregelt wird. Hinzu kommt, dass oft vergessen wird, eine zeitliche Festlegung vorzugeben. Wenn heute ein Unternehmen in der Krise ist, kann ein Turnaround nicht auf Lebenszeit geplant werden. Die Geschäftsleitung/Geschäftsinhaber müssen ebenfalls zu dieser Veränderung stehen, da hier klare Entscheidungen notwendig sind. Ist dies nicht der Fall, wird ein bevorstehender Turnaround keine Wirkung haben.[34]

5.2.2 Betriebsratsmitbestimmung

Wenn zur Liquiditätsbeschaffung Entlassungen notwendig werden, muss der Betriebsrat nach dem Betriebsverfassungsgesetz hinzugezogen werden, sofern dieser im Unternehmen vorhanden ist. Dieser kann im Rahmen eines Wirtschaftsausschusses, seine Mitbestimmung ausüben. Sollte ein Schwerbehindertenbeauftragter existieren, ist dieser ebenfalls hinzuzuziehen. Diese bilden dann gemeinsam mit Anwälten und der Geschäftsleitung das Gremium, um zu bestimmen, wie es weitergeht. In einigen Fällen ist es auch möglich, nur eine Teilschließung von Produktionsbereichen vorzunehmen, um die Liquidität zu verbessern. Wenn der Arbeitgeber, im Rahmen einer solchen Krise keinen Wirtschaftsausschuss einberuft, droht eine Geldbuße. Wenn dieser Wirtschaftsausschuss abgehalten und über Entlassungen entschieden wurde, kommt der Interessenausgleich zustande, der dann schriftlich festgehalten wird. Sollte es keinen Betriebsrat geben, ist es immer ratsam, möglichst schnell Betriebsänderungen nachweisbar festlegen, bevor noch schnell ein Betriebsrat gebildet wird. Gegebenenfalls konnte bei dem Interessenausgleich eine Namensliste mit dem Betriebsrat angefertigt werden, welche Mitarbeiter von

---

[34] Vgl. Faulhaber, P. (2009) S. 21

Entlassungen oder der Schließung von Teilbereichen betroffen sind. Dies kommt dem sogenannten Sozialplan gleich, der aussagt, welche Summe die Mitarbeiter bekommen. Da das Gesetz nicht vorgibt, welche Summe in den Sozialplan zu fließen hat, kann dieser ein wichtiger Baustein zur Liquiditätssicherung sein. Dies ist der Fall, sofern Teilbereiche in der Produktion nicht genutzt bzw. Mitarbeiter nicht eingesetzt werden können, weil Aufträge fehlen. Die Praxis nach Gerichtsurteilen sieht vor, ein halbes Monatsgehalt zu zahlen §1a KSchG. Dies wird aber meist nur bei gesetzeswidrigen Kündigungen verlangt. Die Arbeitsparteien können aber auch nach oben oder unten abweichen. Hier kann der Betriebsrat nur darauf hingewiesen werden, dass wenn zu hohe Abfindungen gezahlt werden, eine Insolvenz nicht mehr abwendbar ist. In der Praxis lässt sich der Betriebsrat auf solche Situationen ein, bevor ein ganzes Unternehmen geschlossen wird.[35] Sollten sich die Situationen verhärten, kann der Betriebsrat auch einen externen Berater hinzuziehen. Dieses Recht hat er nach § 80 III BetrVG. Die Unternehmen nutzen diesen Vorteil und greifen schnell auf externe Berater zurück, da Restrukturierungen sehr komplex sind und hohe Anforderungen an die Geschäftsführung stellen. In der Praxis greifen Betriebsräte eher selten auf externe Berater zurück. Gerade in mittelständischen Familienbetrieben, versuchen Betriebsräte meist die Situation irgendwie hinzu-

[35] Vgl. Faulhaber, P. (2009) S. 236ff

bekommen. Wird ein externer Berater vom Betriebsrat hinzugezogen, ist dieser nur Berater. Die Entscheidung trifft hier der Betriebsrat allein. Zu beachten ist, dass der Betriebsrat bei Unternehmen mit weniger als 300 Mitarbeitern die Genehmigung des Arbeitgebers einholen muss, wenn ein externer Berater hinzugezogen wird. Bei mehr Mitarbeitern braucht der Betriebsrat keine Zustimmung des Arbeitgebers.[36]

---

[36] Vgl. Baur, M. (2012) S. 178ff

5.3 Plangrößen im Liquiditätsmanagement

Um feste Plangrößen im Liquiditätsmanagement festzulegen, muss erst mal festgestellt werden, wo der Liquiditätsengpass liegt. Der bloße Wille, ein Unternehmen zu erhalten und fortzuführen, reicht nicht aus. Im Rahmen des Liquiditätsmanagement ist objektiv abzuklären, ob ein Unternehmen sanierungsfähig ist. Wenn es keine Aussicht auf Erfolgs- oder Nutzungspotenzial gibt, muss geprüft werden, ob das Unternehmen mittelfristig und langfristig die Möglichkeit hat, nach einem Turnaround, weiter zu bestehen. Ebenfalls muss abgeklärt werden, ob überhaupt die Möglichkeit eines aktiven Liquiditätsmanagements mit allen Beteiligten besteht.[37]

[37] Vgl. Böckenförde, B. (1996) S. 58

6 Möglichkeiten des Personalbereichs im Turnaround

Der Personalbereich wird bei den meisten Krisenunternehmen unterschätzt. Viele Unternehmen haben einen Fachkräftemangel, weil nicht frühzeitig auf die Weiterentwicklung der Mitarbeiter gesetzt wurde. Die Personalkosten sind immer ein sehr hoher Kostenfaktor, der nicht immer leicht beeinflussbar ist. Der demografische Wandel hat hier ebenfalls Einfluss auf diese Situation.

6.1 Kurzarbeit

Kurzarbeit ist eine Form der internen Personalanpassung und dient als gutes Instrument, um eine bevorstehende Krise abzuwenden und um das Unternehmen neu aufzustellen.[38] Das Kurzarbeitergeld ist aber auch an Voraussetzungen geknüpft, die das Unternehmen erfüllen muss. Kurzarbeitergeld wird gewährt, wenn durch ein unabwendbares Ereignis oder eine wirtschaftliche Ursache die wöchentliche Arbeitszeit verkürzt werden muss. Diese Möglichkeit ist vor Anmeldung der Kurzarbeit zu prüfen. Die Voraussetzungen aus §§ 95 bis 109 Sozialgesetzbuch 3 (SGB III) müssen dabei erfüllt sein.[39] Auch in Teilbereichen eines Unternehmens kann Kurzarbeit durchgeführt werden. Zu beachten ist,

---

[38] Vgl. Buth und Hermanns (1998) S. 198

[39] Vgl. Arbeitsagentur

dass vor Beantragung des Kurzarbeitergeldes kein zeitlich befristeter Arbeitsvertrag besteht bzw. Zeitarbeiter im eigenen Unternehmen tätig sind. Sonst kann das Kurzarbeitergeld verweigert werden. Kurzarbeit konnte Unternehmen helfen, die 2008 in die Krise geraten sind wie etwa dem Automobilzulieferer Proseat in Espelkamp. Im Jahr 2009 waren ca. 830.000 Mitarbeiter in Kurzarbeit gegangen. Um die Möglichkeit der Kurzarbeit zu erfüllen, mussten vorher in Zusammenarbeit mit Betriebsrat, Personal- und Produktionsleiter 340 Mitarbeiter kündigen, da diese kein unbefristetes Arbeitsverhältnis hatten. Die Kurzarbeit lief bis zum Sommer 2010. Dies ist zurückzuführen auf die damalige Bundesregierung, die sich dafür eingesetzt hat, das Kurzarbeitergeld von 6 Monaten auf 24 Monate zu verlängern. Der einzige Nachteil der Kurzarbeit ist, dass nach der Frist von 24 Monaten das Unternehmen wieder auf sich allein gestellt ist.[40]

6.2 Personalabbau

Um Personalabbau so betriebsfreundlich wie möglich durchzuführen, gibt es verschiedene Möglichkeiten, die das Unternehmen einsetzen kann. Es besteht die Möglichkeit, Mitarbeitern den vorzeitigen Ruhestand anzubieten. Überstunden sollten generell in dieser Zeit vermieden werden. Wenn diese dennoch anfallen, sollte über eine mögliche Überstundenstundung nach-

---

[40] Vgl. Meiländer, D. (2010) S. 1ff

gedacht werden. Zeitverträge sollten in Krisensituationen nicht verlängert werden. Auf Zeitarbeiterkräfte sollte bei kurzfristigem Personalbedarf zurückgegriffen werden.[41] Auch bei Neuverträgen sollte die zeitliche Befristung bis zu 2 Jahren voll ausgenutzt werden, um die mögliche Flexibilität zu haben, Mitarbeiter freizusetzen. Es sollte generell beim eigenen festen Personal darauf geachtet werden, die Umsetzung so personalfreundlich wie möglich zu gestalten. Jjede Änderung beeinflusst auch die Stimmung im Unternehmen, grad wenn es um das Geld eines einzelnen Mitarbeiters geht, der in den meisten Fällen ebenfalls eine geringe Liquiditätsdecke hat.[42] Generell ist hier zu beachten, dass der Betriebsrat mitbestimmungspflichtig ist, besonders im Hinblick auf die Ausarbeitung eines Sozialplans (§112 ff. BetrVG). In der Praxis wird der Betriebsrat zu spät in bevorstehende Turnaround-Strategien hinzugezogen, was weder Gewerkschaften noch Betriebsräte positiv entgegennehmen. Dies führt dann meist zu verhärteten Situationen, die einen bevorstehenden Turnaround verlangsamen.

6.3 Einkommensverzicht

Sofern die Mitarbeiter ein Interesse am Fortbestand des Unternehmens haben, sollte mit den Mitarbeitern gesprochen werden, ob ein Ein-

[41] Wickel-Kirsch, S., Janusch, M., Knorr, E. (2008) S. 115

[42] Vgl. Faulhaber, P. (2009) S. 37f

kommensverzicht für sie infrage kommt. Urlaubs- und Weihnachtsgeld kann in Rücksprache mit dem Betriebsrat (sofern vorhanden) gestrichen werden. Dies muss aber vorher angekündigt und kann nur in Teilen gestrichen werden. Sollte es weitere freiwillige Leistungen geben, können diese, sofern vertraglich als freiwillige Leistung vereinbart, sofort gestrichen werden. Dies ist meist bei Führungskräften der Fall, wenn diese eine Umsatzbeteiligung bekommen. Es sollte generell bei Zahlungen außerhalb der monatlichen Vergütung schriftlich darauf hingewiesen werden, dass Zahlungen, neben der monatlichen Vergütung, auf freiwilliger Basis der Geschäftsleitung erfolgen und kein Anspruch für die Zukunft besteht (Erfahrung aus der Praxis).[43]

[43] Zaugg, R. J. (2009) S. 272

7 Fremdkapitalgeber im Turnaround

Fremdkapitalgeber sind mit der wichtigste externe Liquiditätsgeber im Turnaround. So kann viel Liquidität in der Innenfinanzierung erbracht werden. Im Rahmen einer Liquiditätsbeschaffung wird man jedoch immer wieder auf externe Fremdkapitalgeber angewiesen sein.

7.1 Banken als Fremdkapitalgeber

Wichtig ist in erster Linie die Verbindung zwischen Unternehmen und Bank. Diese muss gepflegt werden. Ein Unternehmen sollte regelmäßig Kontakt zum Firmenkundenbetreuer der Kreditbank haben, auch wenn das Unternehmen sich schon in die Krise bewegt. Das schafft ein Vertrauensverhältnis zwischen Bank und Unternehmen. Das Unternehmen sollte sich generell auf solche Gespräche intensiv vorbereiten, indem es ein Gesamtfinanzierungskonzept erstellt und wie die aktuelle Kreditsituation ist. Der Unternehmer muss beachten, dass die Zahlen, die zur Verfügung gestellt werden, immer auf der Grundlage Aktualität, Vollständigkeit und Glaubwürdigkeit beschaffen sind. Wenn ein Vertrauensverhältnis zwischen der Kredit gebenden Bank und dem Unternehmen besteht, ist sie bedeutend für die weitere Zusammenarbeit. Das Unternehmen sollte dem Finanzierungspartner nichts verschweigen, was dieser später erfahren wird. Ehrlichkeit sorgt in diesem Fall vor. Eine

Bank oder ein Finanzierungspartner sollte immer frühzeitig informiert werden, dass sich ein Unternehmen in Liquiditätsproblemen befindet. Besteht ein Vertrauensverhältnis mit der Bank, wird gemeinsam eine wirkungsvolle Liquiditätsplanung und -steuerung aufgestellt. Die Überarbeitung der kurz- und mittelfristigen Unternehmensplanung kann mit der Bank gemacht werden. Dies erfolgt unter Berücksichtigung von Szenario-Analysen und Stresstests mit regelmäßigen Updates, die sowohl die Ergebnis- als auch die Liquiditäts- und Bilanzkostenplanung beinhalten,. Dies stärkt das Verhältnis zwischen Unternehmen und Bank. Das Gespräch mit den Banken sollte, je nach Situation, monatlich oder quartalsweise durchgeführt werden. Wenn die Bank über die aktuelle Situation eines Unternehmens informiert ist, kann diese entsprechend reagieren und Finanzierungsvarianten vorschlagen, die für die aktuelle Situation sinnvoll sind.[44]

Es bestehen dann Möglichkeiten, die vorher nicht in Betracht gezogen wurden, wie z. B., dass in einigen Bereichen noch nicht ausgeschöpfte Potenziale im Unternehmen vorhanden sind, die umgesetzt werden können. Ebenfalls besteht auch die Möglichkeit, dass die Bank sich an dem eigenen Unternehmen für einen bestimmten Zeitraum beteiligt, um die Insolvenz des Unternehmens zu vermeiden.[45]

---

[44] Vgl. Weber, J. (2011) S. 177

[45] Vgl. Böckenförde, B. (1996) S. 159

7.2 Stille Beteiligungen

Eine Stille Beteiligung, nach § 230 HGB Stille Gesellschaft, beteiligt sich am Unternehmen als Vermögenseinlage. Diese ist so zu leisten, dass sie in das Vermögen des Inhabers des Handelsgeschäfts übergeht.

Eine stille Beteiligung wird gerne gewählt, wenn Mitarbeiter sich am Unternehmen beteiligen können. Diese haben dann einen Anteil am Unternehmen und können am Gewinn/Verlust des Unternehmens teilhaben, dies wird vorher gesellschaftsvertraglich geregelt. Es besteht aber kein Mitspracherecht bei unternehmerischen Entscheidungen. Bei einer Unternehmenskrise werden Mitarbeiter aber kaum in das eigene Unternehmen investieren. Es gibt aber auch Fremdkapitalgeber, die Kapital für einen bestimmten Zeitraum, mit hohem Zinssatz, zur Verfügung stellen. Dies ist meist dann das sogenannte „Mezzanine Kapital“. Für das Unternehmen wird das Kapital dann als Eigenkapital gesehen. Der Fremdkapitalgeber wird als stiller Teilhaber geführt. Es wird meist für einen befristeten Zeitraum übertragen. Wenn dieser Zeitraum abgelaufen ist, besteht meist die Möglichkeit, Anteile am Unternehmen als Gesellschafter zu übernehmen oder das Fremdkapital entsprechend nach Vereinbarung auszuzahlen.[46]

---

[46] Vgl. Buth und Hermanns (1998) S. 229

7.3 Neue Gesellschafter

Die Suche nach neuen Gesellschaftern kann auch eine Strategie sein, um Liquidität zu beschaffen. Aber ob neue Gesellschafter in das Unternehmen aufgenommen werden, sollte vorher genau überlegt werden. Nicht jeder ist als neuer Gesellschafter für ein Unternehmen geeignet. Es kann auch Vorteile bringen, für einen befristeten Zeitraum eine Beteiligung von einem Hedgefonds zuzulassen. Dieses sollte aber zeitlich befristet sein und genauestens geprüft werden, damit man noch genügend Zugriff auf das Unternehmen hat. Ein Unternehmenszusammenschluss für eine Produkterweiterung kann ebenfalls in Betracht gezogen werden. Für Inhaber geführte Unternehmen, die eine starke Bindung zum Unternehmen und den Mitarbeitern haben, ist dieser Schritt meist nicht anwendbar. Hier wird eine neue Führungsstruktur zugelassen, was meist, aus Sicht des alten Inhabers, das Leitbild des Unternehmens verändert.[47]

[47] Vgl. Faulhaber, P. (2009) S. 37

8 Analyse der Teilbereiche des Liquiditätsmanagement im Turnaround

In diesem Teil wird genauer auf die Analysemöglichkeiten im Liquiditätsmanagement eingegangen.

In der Literatur von „Turnaround Management in der Praxis von Paul Faulhaber und Hans-Joachim Grabow“ gibt es 6 Basisstrategien, wie sich kurz- und mittelfristig Liquiditätsschöpfungen identifizieren und nutzbar machen lassen.

Basisstrategie 1: Die Sicherstellung von Einzahlungen aus dem Normalgeschäft

Forderungsmanagement ist unerlässlich im Liquiditätsmanagement. In der Praxis werden oft die Forderungen zu spät gezahlt. Um dies nachhaltig durchführen zu können, können EDV-Programme mit leichten Mitteln aufzeigen, welche Forderungen noch offen sind. Diese müssen dann durch das Rechnungswesen eingefordert werden. Es sollte auch mit den Kunden gesprochen werden, dass Rechnungen unbedingt im Rahmen des Zahlungsziels bezahlt werden müssen.

Basisstrategie 2: Schnellere Rechnungszahlung aus dem Normalgeschäft

Wenn Kunden frühzeitig darüber informiert sind, dass das eigene Unternehmen sich in der Krise befindet und auf pünktliche Rechnungszahlung angewiesen ist, können Kunden auch vorzeitig Rechnungen bezahlen, besonders wenn der Kunde auf das eigene Unternehmen angewiesen ist.

Basisstrategie 3: Höhere Einzahlungen aus nicht ausgeschöpften Liquiditätsquellen

Viele Unternehmen haben Liquiditätsquellen, die nicht ausgeschöpft werden. Diese lassen sich aufzeigen mit verschiedenen Chart Modellen. Es ist dort zu sehen, welche Artikel oder auch nicht benutzte Rohstoffe auf Lager sind, die noch verkauft werden können. Der Schwerpunkt wird auf Anlagen und Aktien gelegt.

Basisstrategie 4: Geringere Auszahlungen aus dem Normalgeschäft

Der Einkauf kann hier wie im Artikel „Lagerhaltung“ beschrieben, die Lagerhaltung verringern, in dem nur das bestellt wird, was für die Produktion notwendig ist.

Basisstrategie 5: Verzögerungen von Auszahlungen aus dem Normalgeschäft

Klassische Instrumente um Liquidität zu erhalten, ist die verspätete Rechnungszahlung. Rechnungen werden erst nach der letzten Mahnungsstufe bezahlt. Der Einkauf sollte parallel versuchen bessere Zahlungskonditionen zu vereinbaren. Es sollte ebenfalls auf Skontoziehung verzichtet werden. Es ist wichtig, das eigene Unternehmen mit Liquidität zu versehen, auch im Hinblick auf eine schlechtere Zahlungsmoral.

Basisstrategie 6: Senkung der Auszahlungen aus ungenutzten Liquiditätsquellen

In Basisstrategie 3 wird darauf geachtet, die Einzahlungen zu erhöhen und zeitgleich die Auszahlungen zu senken. Es besteht die Möglichkeit, Zinskonditionen bei der Hausbank zu senken oder Überstunden einzudämmen. Die besten Möglichkeiten bieten die Banken, die dem Unternehmen mehr Liquidität zur Verfügung stellen können, indem Zinsen gestundet oder Kreditraten ausgesetzt werden. Natürlich gibt es auch die Möglichkeit des Forderungsverzichts bzw. das Einräumen eines höheren Kredites. Aber das wird eine Bank kaum machen, wenn ein Unternehmen in der Krise steckt.

Der Gesellschafter selbst kann ebenfalls zu einer Liquiditätsquelle werden, wenn er neues Eigenkapital dem Unternehmen zur Verfügung stellt.

In der Regel wird aber mit den Lieferanten eine andere Zahlungsmodalität oder Stundung vereinbart. Dies ist am einfachsten in der Praxis zu realisieren.

Es sollte geschaut werden, welches Anlage- bzw. Umlaufvermögen verkauft werden kann. Sollte ein Unternehmen Beteiligungen haben, muss geprüft werden, inwieweit diese Beteiligung sinnvoll bzw. nötig ist.[48] In manchen Fällen ist ein Verkauf zur Liquiditätsbeschaffung notwendig.

---

[48] Vgl. Faulhaber, P. (2009) S. 45ff

8.1 Bewertung der Wirksamkeit

Um eine ordentliche Bewertung durchführen zu können, wird am Anfang eines Turnarounds eine IST-Aufnahme durchgeführt. Dies geschieht meist in Form einer SWOT-Analyse.[49] Wenn der Turnaround im Rahmen des Liquiditätsmanagements abgeschlossen ist, wird erneut eine SWOT-Analyse auf Basis der Kriterien, die bei der IST-Analyse angewandt wurden, durchgeführt, um zu analysieren, wie erfolgreich diese Änderungen waren. Im Rahmen des Liquiditätsmanagements wird der Liquiditätsplan hinzugezogen, dieser kann dann aufzeigen, wo am Anfang der Liquiditätsengpass war, was eingespart werden konnte und wo die Entwicklung des Unternehmens hingehen soll. Leider ist es nicht immer möglich, ein Unternehmen vor der Insolvenz zu bewahren, aber in den meisten Fällen kann durch ein Turnaround das Unternehmen wieder in die Erfolgs- und Gewinnzone gebracht werden.

8.2 Empfohlene Strategie zur erfolgreichen Umsetzung

Welche Strategie für das Unternehmen infrage kommt, ist oftmals auch davon abhängig, welche Erfahrungen das Unternehmen gesammelt hat. Um einen ersten Überblick zu bekommen, sollte es aber, so wie es auch in der Fachliteratur

---

[49] Meusel, D. (2009) S. 12

(die in dieser Arbeit zur Anwendung kommt) immer wieder bestätigt wird, ein Liquiditätsplan aufgestellt werden. Handelt es sich um ein Unternehmen, das viele Mitarbeiter beschäftigt, sollte geprüft werden, ob das Instrument der Kurzarbeit sinnvoll ist oder gleich ein Sozialplan in Zusammenarbeit mit dem Betriebsrat aufgestellt werden muss.[50] Bei der Kurzarbeit besteht die Möglichkeit, die fixen Personalkosten so gering wie möglich zu halten. Ein Gespräch mit der Hausbank bzw. dem Finanzierungsgeber sollte ebenfalls nicht vernachlässigt werden. Besprochen werden sollte, inwieweit Gelder noch bewilligt werden können bzw. die Kreditlinie eingehalten wird, oder ob die Fremdfinanzierungsart geändert werden kann. Als Nächstes ist es wichtig, eine Soll/IST-Analyse durchzuführen, um festzustellen, wo das Unternehmen steht und wo die Stärken bzw. Schwächen liegen. Evtl. ist auch eine Neuausrichtung für das Unternehmen ein gutes Geschäftsmodell. Es sollte auch der Bekanntheitsgrad des Unternehmens geprüft werden. Ist das Image des Unternehmens gut, oder schlecht. Kann eine Werbekampagne Abhilfe schaffen, oder sollte der Name umbenannt werden, weil dieser auf dem Absatzmarkt nicht angesehen ist. Wenn alle diese Punkte nicht mehr helfen, sollte mit dem Insolvenzverwalter geprüft werden, inwieweit eine Planinsolvenz möglich ist. Das wichtigste für ein erfolgreiches Liquiditätsmanagement ist die schnelle Übersicht und Entschei-

[50] Stock, W. (2009) S. 118

dung. Ein Liquiditätsmanagement kann nur erfolgreich sein, wenn es kurzfristig auf sämtliche Machbarkeiten geprüft und umsetzt wird. Kurze Entscheidungswege, um Führungskräfte mit den benötigten Kompetenzen auszustatten, sind in solchen Fällen unabdingbar.

8.3 Leitfaden zu Liquiditätssicherung im Turnaround

Um ein wenig Verständnis für den Leitfaden zur Liquiditätssicherung zu bekommen, sollte erst mal geklärt werden, was unter Liquiditätssicherung zu verstehen ist. Bei Peter Faulhaber und Hans-Joachim Grabow wird dies wie folgt beschrieben: „Für Unternehmen, die sich in schwierigen Situationen befinden, ist die Sicherung der Liquidität gleichbedeutend mit der Sicherung der Existenz. Fast alle Insolvenzen werden durch Illiquidität ausgelöst. Meist gehen diesem Stadium Zahlungsschwierigkeiten über eine längere Zeit voraus. Solides Liquiditätsmanagement versetzt ein Unternehmen in die Lage, Warnsignale sehr früh wahrzunehmen und rechtzeitig Gegenmaßnahmen einzuleiten. Auf diese Weise vermeidet das Unternehmen existenzbedrohende Liquiditätskrisen, denn korrektes Liquiditätsmanagement sorgt dafür, dass es die fälligen Zahlungsverpflichtungen erfüllen kann.“[51]

---

[51] Vgl. Fauhaber, P. (2009) S. 38f

Die schnellste Möglichkeit der Liquiditätssicherung ist die Verflüssigung von aktiven Vermögensgegenständen. Hier sollte geprüft werden, ob die Möglichkeit der sale-and-lease-back-Variante besteht. D. h., Anlagen aus dem Unternehmen werden an eine Bank verkauft und zurück geleast, der neue Eigentümer der Anlage ist dann die Bank und übergibt diese an das Unternehmen zurück. Für die Wartung und Instandhaltung ist das Unternehmen verantwortlich. Diese Variante verschafft im ersten Abschnitt Liquidität aus dem Anlagevermögen.[52]

Um die Liquidität zu sichern, sollte auch darüber nachgedacht werden, alle offenen Forderungen nach Vereinbarung einzufordern. Als Weiteres sollte überlegt werden, welche offenen Forderungen anzumahnen sind. Verbindlichkeiten sollten so gering wie möglich gehalten und Zahlungsziele voll ausgeschöpft werden. In Rücksprache mit dem Betriebsrat sollte, sofern die Möglichkeit besteht, auf Gehalts-/Bonusverzicht der Mitarbeiter eingegangen werden. Investitionen sollten nur getätigt werden, sofern diese notwendig sind bzw. für Modernisierung um qualitativer/quantitativer zu arbeiten. Überstunden sollten von den Mitarbeitern abgebaut werden, sofern welche vorhanden sind. Evtl. ist es sinnvoll, für einzelne Produktionsbereiche Kurzarbeit anzumelden. Dies würde im Rahmen eines Turnarounds die notwendige Liquiditätssi-

[52] Vgl. Böckenförde, B. (1996) S. 140

cherung ermöglichen, die notwendig ist, um das Unternehmen wieder erfolgreich zu positionieren.

9 Schlussbetrachtung

Zu Liquiditätssicherung gibt es verschiedene Ansätze in der Fachliteratur. Die gängigsten Methoden wurden im Rahmen dieser Projektarbeit behandelt. Es wurde auf die verschiedenen Möglichkeiten der Liquiditätssicherung eingegangen. Aber es stellt sich immer wieder, auch in der Fachliteratur, heraus, dass Liquiditätsmanagement frühzeitig angegangen werden muss. Dies ist an den verschiedenen Methoden, die in dieser Projektarbeit aufgezeigt wurden, zu erkennen. Besonderes Augenmerk sollte immer auf die Liquidität geworfen werden. Dies betrifft auch Unternehmen, die sich nicht unbedingt in der Krise befinden. Ein ordentliches Mahnwesen für das Forderungsmanagement ist ebenso wichtig, wie eine notwendige Investitionsplanung. Denn es macht keinen Sinn, sich eine neue Maschine zu kaufen, wenn die Aufträge fehlen oder die Maschine zu gering ausgelastet ist. Wiederum kann in vielen Fällen zu einer Investition zwecks Modernisierung geraten werden, da es die Quantität wie auch Qualität verbessert. Hinsichtlich der Lagerhaltung konnte festgestellt werden, dass viele Unternehmen zu hohe Lagerbestände aufweisen, meist bei Produkten, die nicht mehr benötigt werden. Diese sind schnell abzustoßen, um Liquidität zu bekommen. Als Fazit kann immer gesagt werden, dass Gläubiger frühestmöglich mit hinzugezogen werden müssen, dann kann fast jedes Unternehmen eine bevorstehende Krise überstehen. Es wird auch in einem Kapitel auf die Möglichkeit eingegangen Zahlungsziele zu verändern. Dies ist ein Instrument, was nicht kostet und Liquidität beschafft. In dieser Projektarbeit ist bewusst darauf geachtet worden, so mitarbeiterfreundlich wie möglich ein Liquiditätsmanagement durchzuführen. Denn die Mitarbeiter sind die Personen, die ein Unternehmen beeinflussen. Wenn Mitarbeiter in Mitleidenschaft gezogen werden, zieht das in den meisten Fällen das ganze Unternehmen weiter herunter. Dann kann auch die beste Turnaround Strategie nicht mehr helfen. Mitarbeiter sollten immer frühzeitig mit involviert werden. Ebenfalls sollte immer besprochen werden, welchen Beitrag die Mitarbeiter leisten können. Manchmal besteht die Möglichkeit, freiwillige Beiträge wegfallen zu lassen und zu einem späteren Zeitpunkt als Bonusprogramm wieder abfließen zu lassen. Dies hebt meist die Motivation der Mitarbeiter und kann bei der Liquiditätssicherung helfen. Es sei aber gesagt, dass nicht alle Unternehmen im Rahmen der Innenfinanzierung diese Möglichkeiten ausschöpfen können. Im Rahmen der Außenfinanzierung ist meist nur möglich Liquidität zu bekommen, wenn die Innenfinanzierung stimmt. Es sollte daher immer als Erstes ein Liquiditätsplan erstellt werden, um zu überprüfen, welche Möglichkeiten für das Unternehmen existieren und was dabei umgesetzt werden und was nicht.

10 Literaturverzeichnis

Arbeitsagentur. http://www.arbeitsagentur.de/nn_25992/Navigation/zentral/Buerger/Arbeitslos/Arbeitslosigkeit-droht/Kurzarbeit/Kurzarbeit-Nav.html. [Online]

Baur, M., Kantowsky, J., Schulte, A. (Hrsg). 2012. *Stakeholder Management in der Restrukturierung.* Wiesbaden : Gabler Verlag, 2012. ISBN 978-3-8349-4156-5.

Berghauer Dr. A., 2003. *Führen aus der Unternehmenskrise.* s.l. : Erich Schmidt Verlag GmbH & Co., 2003. ISBN 3-503-07438-4.

Böckenförde, Dr. Björn. 1996. *Unternehmenssanierung.* Stuttgart : Schäffer-Poeschel Verlag, 1996. ISBN 3-820-20995-6.

Breuer, W., Breuer, C.. 2013. www.wirtschaftslexikon.gabler.de. [Online] 11. 05 2013. [Zitat vom: 11. Mai 2013.] http://wirtschaftslexikon.gabler.de/Archiv/16678/turnaround-v7.html .

Buth/Hermanns. (Hrsg.) 1998. *Restrukturierung, Sanierung, Insolvenz.* s.l. : C.H. Beck´sche Verlagsbuchhandlung, 1998. ISBN 3-406-44001-0.

Bürgel Wirtschaftsinformationen. 2013. www.burgel.de. [Online] 29. 03 2013.

Deitermann, M., Schmolke, S., Rückwart, W.-D.. 2009. *Industrielles Rechnungswesen IKR.* s.l. : Westermann Schroedel Diesterweg Schöningh Wincklers GmbH, 2009. ISBN 978-3-8045-6652-1.

Diffring, P. 2012. *Umwandlung von Forderungen zur Sanierung von Kapitalgesellschaften: Gestaltungen und Privilegierungen im Steuer- und Wirtschaftsrecht,* Berlin: LIT Verlag

Faulhaber, P., Grabow, H.-J.. 2009. *Turnaround-Management in der Praxis.* Frankfurt/Main : Campus Verlag GmbH, 2009. ISBN 978-3-59336-674-6.

Gabler, Wirtschaftslexikon. 2013. www.Wirtschaftslexikon.gabler.de. *Wirtschaftslexikon Gabler.* [Online] 11. Mai 2013.

[Zitat vom: 11. Mai 2013.] http://wirtschaftslexikon.gabler.de/Archiv/2952/liquiditaet-v10.html.

Goeke, M. (Hrsg.). 2008. *Praxishandbuch Mittelstandsfinanzierung,* Wiesbaden: Gabler Verlga

Harz, M., Hub, H.-G., Schlarb, E.. 1996. *Sanierungsmanagement.* s.l. : Witschaft und Finanzen GmbH, 1996. ISBN 3-87881-109-8.

Horváth, Dr. Dr. h.c. mult. Péter. 2011. *Controlling.* München : Verlag Franz Vahlen GmbH, 2011. ISBN 978-3-8006-3878-9.

Krystek, U., Moldenhauer, R.. 2007. *Handbuch Krisen- und Restrukturierungsmanagement.* s.l. : Verlag W. Kohlhammer, 2007. ISBN 978-3-17-019091-7.

Meiländer, D.. 2010. www.zeit.de. *www.zeit.de.* [Online] Die Zeit, 16. 06 2010. [Zitat vom: 08. 06 2013.] http://www.zeit.de/wirtschaft/2010-06/kurzarbeit-reportage/seite-1.

Meusel, D. 2009. *Turnaround-Management: Die Rolle der Finanzpartner und Investoren,* Hambrug: Igel Verlag

Statistisches Bundesamt Wiesbaden. 2013. www.destatis.de. *Statistisches Bundesamt.* [Online] 16. 05 2013. [Zitat vom: 16. 05 2013.] https://www.destatis.de/DE/ZahlenFakten/GesamtwirtschaftUmwelt/UnternehmenHandwerk/Insolvenzen/Tabellen/HaeufigkeitLaender.html.

Stock, W. 2009. *Die Einsetzung einer Transfergesellschaft: Unter besonderer Berücksichtigung betriebsverfassungs- und arbeitsförderungsrechtlicher Vorgaben*, Frankfurt am Main: Peter Lang Verlag

Uhlenbruck, W.. 2006. *Insolvenzrechtshandbuch.* Nördlingen : C.H.Beck oHG, 2006. ISBN 3-406-57384-7.

Weber, J., Vater, H., Schmidt, W., Reinhard, H.. 2011. *Turnaround - Navigation in stürmischen Zeiten.* Weinheim : Willey-VCH Verlag GmbH & Co. KGaA, 2011. ISBN 978-3-527-50532-6.

Wickel-Kirsch, S., Janusch, M., Knorr, E. 2008. Personalwirtschaft, Wiesbaden: Gabler Verlag

www.Duden.de. 2013. [Online] Duden, 11. 05 2013. http://www.duden.de/node/784434/revisions/1190865/view.

Zaugg, R. J. 2009. *Nachhaltiges Personalmanagement*, Wiesbaden: Gabler Verlag